兒童生命教育圖畫書

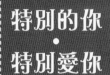
不一樣的約翰

一個自閉症孩子的故事

文：Helena Kraljič　圖：Maja Lubi

新雅文化事業有限公司
www.sunya.com.hk

編者的話

　　我們都知道世界上有着各種各樣的人，包括不同年齡、不同性別、不同膚色、不同國籍……同時也有着不同性格以及能力。有些孩子一出生便因為一些狀況，比如兒童常見的哮喘，又或是讀寫障礙、自閉症和唐氏綜合症等，而有着與別不同的外表、行為或身體局限。他們在成長路上，可能要面對比一般人更多更大的挑戰，也因此需要更多的關懷、照顧和支持。

　　《特別的你‧特別愛你》系列故事的主角均是有着不同特別需要的孩子。作者以淺白、溫馨而寫實的筆觸寫出主角們在生活中

遇到的不同挑戰，期望通過這些故事，激發大眾抱持更理解和開放的態度，接納這羣有特別需要的孩子，為他們和他們的家人帶來溫暖的鼓勵和支持。

我們每個人都是不一樣的獨特個體，但我們都一樣值得被尊重和愛護，就讓我們一起創造一個平等共融的社會，一個更豐富、更美麗的世界。

約翰住在一個
小鎮裏。

他有兩個姊
姊和一對慈愛的
父母。一眼看來，他們
是個非常典型的家庭。可是，他
們的生活卻一點也不典型。

當約翰還
很小的時候，他
的姊姊雪兒和莎
拉會問父母：

「為什麼他總是哭
個不停？」

「為什麼他不讓人
抱？」

「為什麼他從來
不笑？」

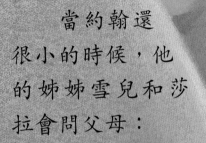

約翰開始上幼稚園。

他帶着從不離身的絨毛玩具
「毛毛兔」一起去。

不久之後，老師
告訴他的父母：

「約翰和其他小朋友不一樣，
他不願意跟他們玩，也不開口說話……」

「他只是還未適應而已，」
約翰的媽媽連忙解釋說，「他
需要多一點時間。」

幼稚園的老師一
臉懷疑地看着她說：
「我覺得事情不
止這樣。」

9

媽媽和約翰離開學校，走向他們的車子準備回家。
上車後，媽媽打開收音機。

「關掉它！關掉它！」約翰用雙手摀住耳朵大叫。
「關掉它！關掉它！關掉它！關掉它！」

媽媽把收音機關掉，她的眼淚悄悄地落下來了。
她當然知道約翰和其他小朋友不一樣，但她不知道
怎樣幫助他。

她感到無能為力。

約翰的父母越來越擔心他。

有一天早上，約翰坐在椅子上前後擺動，重複地說：

「我的兔子！我的兔子！我的兔子！」

「你喜歡這隻兔子嗎？」他的媽媽溫柔地問他。

「我的兔子！我的兔子！
我的兔子！」

　　約翰繼續説，彷彿根本
聽不見媽媽的問題。

「兔子叫什麼名字啊？」

　　媽媽繼續耐心地問。

　　約翰摀住他的耳朵説：
「我的兔子！我的兔子！我的兔子！」
　　約翰的媽媽絕望地看着丈夫。
「我們必須找人幫助。」爸爸語帶鼓勵地對她説。

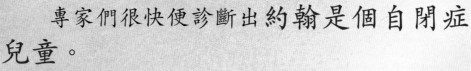

專家們很快便診斷出約翰是個自閉症兒童。

雖然約翰的父母知道他們即將要面對很多新的難題和憂慮，但起碼他們現在已經懂得怎樣回答老師、親戚、朋友、鄰居和自己女兒的各種疑問。

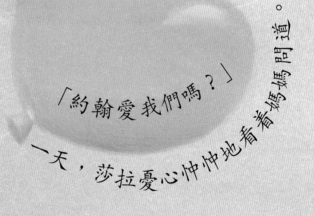

「約翰愛我們嗎？」

一天，莎拉憂心忡忡地看着媽媽問道。

「很愛很愛！」媽媽回答，「他只是不懂得表達。」

「媽媽，我們會幫助他的！」

雪兒和莎拉説。

「他一定會很高興。」媽媽微笑着，把兩個女兒摟在懷裏。

當約翰開始上小學，
他遇到的問題變得越來
越多。

約翰不喜歡任何改變，可是在學校，那是無可避免的。每天的上課時間表都令他頭昏腦脹，非常困惑。

而且去到哪裏都是新的面孔，
新的體驗，
新的憂慮。

「為什麼他們不讓我做自己？我不要待在他們的世界裏。」約翰心裏想。

學校裏的小朋友沒有一個明白他。

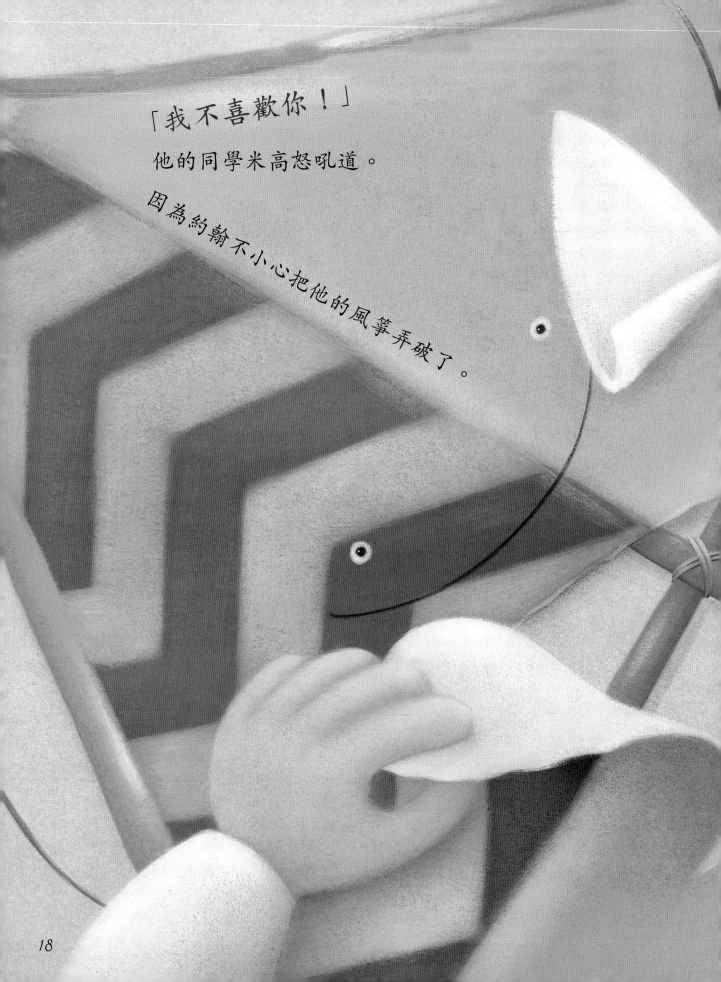

「我不喜歡你！」

他的同學米高怒吼道。

因為約翰不小心把他的風箏弄破了。

「你真討厭！」同學伊娃大喊道，當她看到約翰正在她的筆袋上畫兔子。

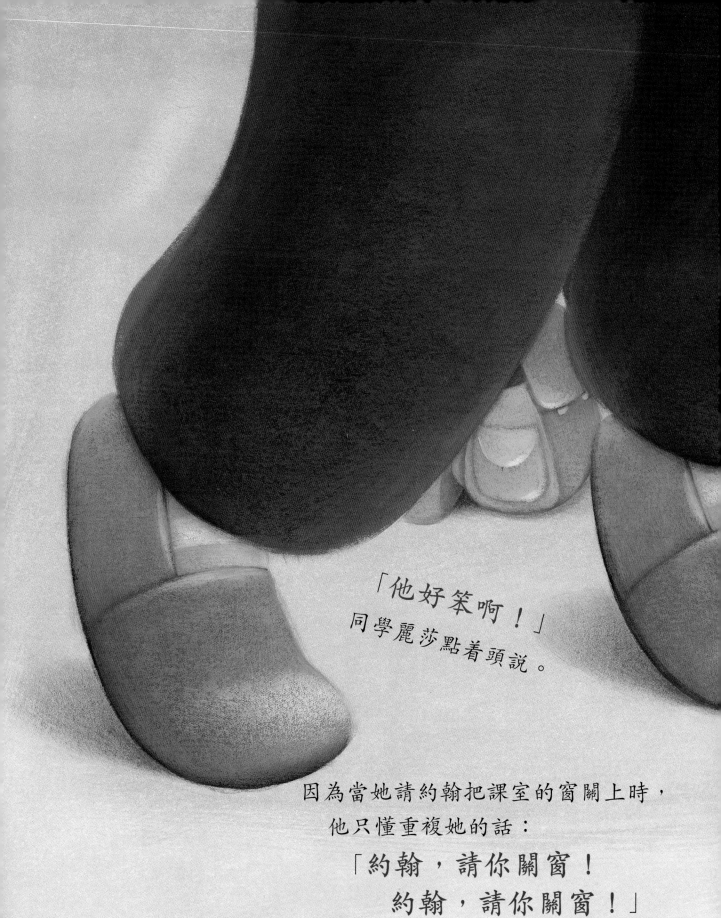

「他好笨啊！」
同學麗莎點着頭說。

因為當她請約翰把課室的窗關上時，
他只懂重複她的話：
「約翰，請你關窗！
約翰，請你關窗！」

約翰的同學越來越想遠離他，
但約翰似乎一點也不介意。

他繼續我行我素，

活在自己的世界裏。

他經常重複說話。

他總是不願意嘗試新的食物。

他討厭音樂。

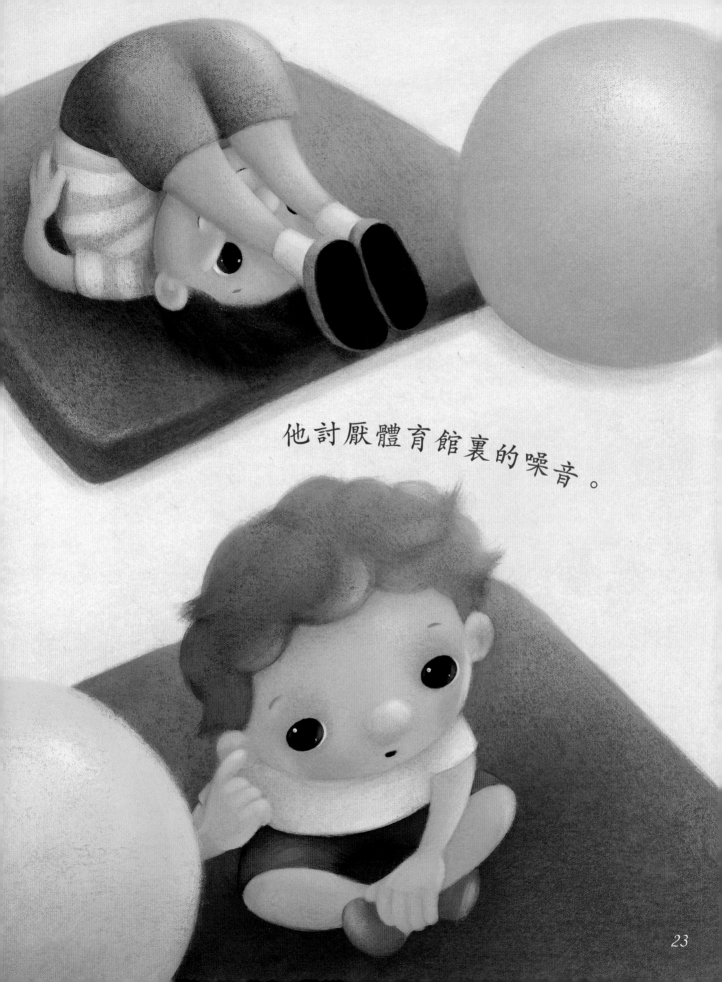

他討厭體育館裏的噪音。

新的學期，學校來了一位新的數學老師，他對孩子們說：

「因為我不知道你們的數學程度，所以我會出幾道題目來考考你們。」

大部分同學都緊張得捏了一把冷汗，他們都不喜歡數學。

只有約翰知道怎樣做老師出的第一道數學題，還有第二道，以及第三道。

約翰的同學驚訝地注視着他。

「孩子，你做得很好！」老師稱讚他，並問他：「你叫什麼名字？」

「你叫什麼名字？」約翰只管重複他的話。

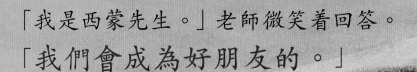

「我是西蒙先生。」老師微笑着回答。
「我們會成為好朋友的。」

　　孩子們繼續把眼睛睜
得大大的，看看約翰，又
看看老師。

　　「我要請他教我數學。」
凱文輕聲對他旁邊的同學說。
　　「我也要。」馬丁點頭和應
道。

自從那節數學課起，

約翰的同學們都想認識他。

他們發現約翰除了擅長
數學外，也很會畫畫。

此外，他還知道很多關
於恐龍的事情，並懂得利用
課室裏的積木砌出最厲害的
汽車來。

雖然約翰跟大家仍是有點不一樣。不過，他喜歡幫助大家，這讓他感到很快樂。他很高興同學們終於都願意接納他，不管是他好的或不那麼好的特點，他們都願意接受。

每個人都看出約翰有所改變，

雖然他仍然會把同學惹惱；

經常說着重複的話；

常猛眨眼睛和踮着腳尖走路；

不願意嘗試新的食物；

討厭音樂和體育館裏的噪音。

但他已在同學當中找到自己的位置……即使他還是比較喜歡獨自一人。

這就是約翰，和很多被診斷有自閉症的孩子一樣，活在自己的世界裏，
一個他們最熟悉和最有安全感的世界。

導讀：一個關於自閉症孩子的故事

　　社會大眾對「自閉症」此名稱應該不會感到陌生，但其實一般人常說的「自閉症」、「亞氏保加症」等發展障礙，在由美國精神醫學學會最新出版的《精神疾病診斷與統計手冊》中已被歸納作「自閉症譜系障礙」(Autism Spectrum Disorders)。

　　「自閉症譜系障礙」不是疾病，而是一種發展障礙。意思即是被診斷有自閉症譜系障礙的兒童，包括故事中的約翰，他們的發展，特別在社交活動的主要技能方面，異於常人。這本圖畫書已清楚說明，約翰跟其他人不一樣，並非因為他選擇或希望如此，而是因為他只懂得如此。他躲在自己的世界裏，因為只有在那裏他才感到自在和安全。在那個世界裏，沒有他無法理解的話，沒有令他難受的外界刺激，以及難以適應的變化。

　　從外表我們看不出這些兒童與其他同齡孩子有什麼不同。這就是為什麼人們往往認為他們「沒有問題」，受責怪的通常是他們的父母，而「罪名」很可能就是所謂的「教子無方」。這些誤解會大大增加父母的痛苦，因為他們一方面想要幫助這

個不一樣的孩子，卻往往感到束手無策；另一方面，他們的無能為力卻又會引來別人一些不公平的指控。其實時至今日，社會上提供給父母和這些兒童的援助仍然非常有限。

此外，通過這本圖畫書，還能讓我們看見被診斷有自閉症譜系障礙的兒童不僅僅有某些「缺失」，其實他們也可能具備某些超越「普通」小孩的才能。以約翰為例，他是個數學尖子；至於其他被診斷有自閉症譜系障礙的兒童，有的可能在音樂或繪畫方面非常有才華，有的則精通某種技術。只要給他們一顯身手的機會，他們便能得到自我的肯定，過一個更充實的人生。

特別的你‧特別愛你 ③

不一樣的約翰
—— 一個自閉症孩子的故事

作　　者：Helena Kraljič
畫　　家：Maja Lubi
中文翻譯：潘心慧
責任編輯：劉慧燕
美術設計：何宙樺
出　　版：新雅文化事業有限公司
　　　　　香港英皇道 499 號北角工業大廈 18 樓
　　　　　電話：(852) 2138 7998
　　　　　傳真：(852) 2597 4003
　　　　　網址：http://www.sunya.com.hk
　　　　　電郵：marketing@sunya.com.hk
發　　行：香港聯合書刊物流有限公司
　　　　　香港新界大埔汀麗路 36 號中華商務印刷大廈 3 字樓
　　　　　電話：(852) 2150 2100
　　　　　傳真：(852) 2407 3062
　　　　　電郵：info@suplogistics.com.hk
印　　刷：中華商務彩色印刷有限公司
　　　　　香港新界大埔汀麗路 36 號
版　　次：二〇一五年二月初版
　　　　　10 9 8 7 6 5 4 3 2 1

ISBN: 978-962-08-6240-3
Original title: "Žan je drugačen"
First published in Slovenia 2014 © Morfem publishing house
Chinese Translation © 2015 Sun Ya Publications (HK) Ltd.
18/F, North Point Industrial Building, 499 King's Road, Hong Kong
Published and printed in Hong Kong.